触手可及的星星：萤火虫观察指南

付新华●著

图书在版编目（CIP）数据

触手可及的星星：萤火虫观察指南/付新华著.—武汉：湖北
科学技术出版社，2022.10
ISBN 978-7-5706-2235-1

Ⅰ.①触… Ⅱ.①付… Ⅲ.①萤科—青少年读物
Ⅳ.①Q969.48-49

中国版本图书馆 CIP 数据核字(2022)第 165503 号

触手可及的星星：萤火虫观察指南
CHUSHOUKEJI DE XINGXING
YINGHUOCHONG GUANCHA ZHINAN

策　　划：傅　玲			
责任编辑：徐　竹		封面设计：喻　杨	
出版发行：湖北科学技术出版社		电话：027-87679468	
地　　址：武汉市雄楚大街 268 号		邮编：430070	
（湖北出版文化城 B 座 13-14 层）			
网　　址：http://www.hbstp.com.cn			
印　　刷：湖北新华印务有限公司		邮编：　430035	

710×1000　　　　　1/16　　　　　　　　8 印张　　　　160 千字
2022 年 10 月第 1 版　　　　　　　　2022 年 10 月第 1 次印刷
定价：39.80 元

很多人问我是怎么和萤火虫结缘的，如何能坚持 20 多年萤火虫的研究？想想我小时候，在北方的农村跟着一帮大孩子一起在夏天疯跑，玩弹弓、粘知了、挖田鼠，兴高采烈，不知疲倦。后来跟着妈妈和姐姐来到某舰队基地，在父亲的军舰上度过了一个又一个的暑假，和海兵们一起吃住，看着他们操枪弄炮。海边的台风多，有的时候跟随父亲的军舰驶出港湾躲避台风，在惊涛骇浪中居然还没有呕吐，也不害怕。这一切都让我兴趣盎然，不觉得苦。

2000 年来华中农业大学读研究生的时候，在一个雨后的夏夜，我骑着自行车去实验室，突然在路边的草丛中发现了一些光点，还在缓慢移动。我非常好奇地停下车，然后蹲下身子，借着月光和星光，伸手去掏，结果掏出一只黑色的大虫子，在我的手心里发出明亮的光。我吓了一大跳，手一甩就把这丑陋发光的虫子丢得很远，生怕它咬我或者给我施毒。我跑到实验室，拿来了镊子和培养皿，发现被我摔得远远的虫子还躺在地上，继续亮着。我小心翼翼地用镊子把它夹进培养皿，然后带回实验室观察。镊子一碰，它就会发光，过一会儿逐渐熄灭，再一碰又会发光。当时我就在琢磨，这是什么虫子？为什么会发光？那一晚，梦里都是被发光的虫子围绕着。第二天，我就带着虫子去问我的导师雷朝亮教授，雷老师见多识广，说可能是萤火虫的幼虫。萤火虫？！我小时候从来没有见过。好像也没有什么文献和资料可以查阅。当时网络条件不好，上网需要用"猫"（调制解调器），只能去网吧查阅。在雅虎上也没有查到什么资料。印象当中，只在小学的时候，在第一版黑色的《十万个为什么》的生物分册中，模模糊糊地记得，萤火虫吃蜗牛，可以让蜗牛变成肉汤再"喝"进去。可见少儿科普的重要性。由于没有任何的科普书籍和专业资料的借鉴，只能从零开始探索研究。尽管困难无比，但每得到一点新的研究突破，就会无比快乐。

　　博士毕业后，我去了更远的地方去寻找萤火虫，发现了更多有趣好玩的萤火虫，也看到了一些美丽的萤火虫在短短的几年内消失踪影。我觉得有责任向大众普及萤火虫的美丽以及有趣的科学故事，也迫切想告诉人们，萤火虫现在正在加快消失，我们得保护它们。为了拍出美丽的萤火虫独特的发光，2007 年我咬牙用了三个月的工资，购买了第一台单反相机，自学了几十本摄影书，不断地钻研微距摄影知识，也逐渐拍出美丽的萤火虫微距照片和壮观的大场景发光图片，得到了大家的喜爱。当我把从长期萤火虫的科学研究中得到的有趣科学故事，以美丽的照片呈现给孩子们的时候，孩子们纷纷发出"哇！"的惊叹声。从孩子们闪亮的眼睛里，我看到他们对科学知识的渴望，而萤火虫可以点燃他们的科学探索的欲望。带领孩子们在大秦山进行萤火虫的科学夏令营的时候，我发现孩子们对于科学地观察萤火虫是非常感兴趣的。萤火虫的观察不仅仅能让孩子们获得美感，更是一个绝佳的切入口，可以带领孩子们走进无穷奥秘的科学研究的世界。基于这个理念，我写了这一本《如何观察萤火虫》的书，希望能打造出一本针对青少年的、权威的科普书，用来指导孩子们科学地观察萤火虫，也详细地教授孩子们如何采集和制作萤火虫标本。

　　感谢汪奇灵同学作为模特让我拍了不少照片，感谢杨卓等同学帮我准备各种器材，让我摆脱不少繁重的事务。

　　感谢上海滨江森林公园对本书出版的资助。

　　感谢萤火虫的发光，让我的孤独的心灵不断得到疗愈。

目　录

第 一 章

了解萤火虫的
知识

第一节 外部形态及分类（萤火虫形态特征）

萤火虫属昆虫纲（六足总纲）鞘翅目萤科（Coleoptera: Lampyridae）。萤火虫最独有的特征是腹部具有白色的发光器。萤亚科种类如窗萤等个体较大，雄萤发光一般常亮或者不发光。

成虫个体一般较小，大多数体长 1 厘米，少数种类可以达到 3 厘米。雌性个体要略微大于雄性个体。萤火虫和其他昆虫一样，分为头、胸和腹三部分。

▲ 边褐端黑萤成虫（左雄右雌）

成虫形态

头：萤火虫的头几乎都被复眼所占据，复眼由许多个小眼组成，一般雄萤的复眼比雌萤发达。萤火虫的触角生长在复眼中间，一般 11 节。萤火虫的触角形状相差较大，有丝状、锯齿状、栉齿状等形状之分。成虫头部有一对尖锐的弯曲上颚，下面还着生有一对下颚须和下唇须。和触角一样，下颚须和下唇须都是萤火虫的感觉器官。

胸：前胸背板发达，一些萤火虫的前胸背板可以完全遮挡住头

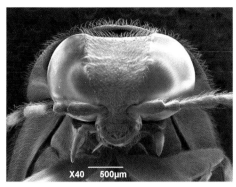

▲ 边褐端黑萤雄萤头部超微结构

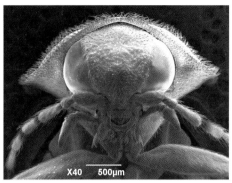

▲ 边褐端黑萤雌萤头部超微结构

部，如窗萤属、短角窗萤属和扁萤属等，而另一些萤火虫的前胸背板则无法全部遮挡住头部，如熠萤亚科的大部分种类。雄萤一般生长有发达的鞘翅和膜翅。有些萤火虫的雌萤因为鞘翅或膜翅退化，而无法飞行，如窗萤属的一些种类雌萤仅有一对小的翅牙，三叶虫萤雌萤鞘翅完好但膜翅退化，短角窗萤属的一些种类完全无鞘翅和膜翅。

腹：萤火虫最显著的特点在于腹部特

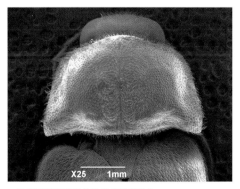

▲ 边黑端黑萤雌萤前胸背板超微结构

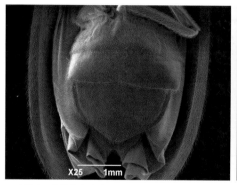

▲ 边褐端黑萤雄萤发光器超微结构　　　　　▲ 边褐端黑萤雌萤发光器超微结构

化的发光器。不同萤火虫之间发光器区别很大，也是萤火虫分类的重要特征之一。雄萤一般生长两节乳白色发光器，位于第 6 腹节及第 7 腹节；雌萤一般生长一节乳白色发光器，位于第 6 腹节，也有一些萤火虫种类的雌萤生长有四点发光器，如窗萤属、短角窗萤属等。

幼虫形态

头：萤火虫幼虫的头很短小，可以完全缩进前胸背板。幼虫生长有 1 对侧单眼。幼虫触角 3 节，最末一节旁边生长有 1 个圆形的感觉锥。幼虫具有锋利、弯曲且中空的上颚，上颚的末端具有孔或槽。下颚须 3 节，粗大，具有嗅觉探测能力。幼虫头部还生长有 1 对内颚叶和下唇须。

胸：幼虫的胸分为前胸、中胸和后胸 3 节，分别长有 1 对胸足。前胸背板略长于中胸及后胸背板，呈梯形。

腹：腹部共有 9 节。水栖萤火虫如雷氏萤、黄缘萤、武汉萤等种类幼虫腹部 1~8 节两侧着生一对牛角状呼吸鳃。一对乳白色的发光器位于第 8 腹节两侧或者腹面。在幼虫的第 9 腹节腹面生长有发达的腹足，腹足上有许多整齐排列的小钩，可以辅助幼虫爬行或者捕食。

▲ 边褐端黑萤幼虫

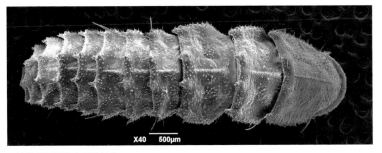

▲ 边褐端黑萤幼虫超微结构

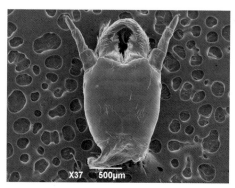

▲ 边褐端黑萤幼虫头部超微结构（背面观）

▲ 边褐端黑萤幼虫头部超微结构（腹面观）

▲ 边褐端黑萤幼虫头部超微结构（俯视）

第二节　萤火虫的生活史

　　萤火虫的生命周期一般是一年一代，也有的种类为两年一代。萤火虫的大部分种类为陆生，有极少种类的萤火虫水生，我国目前发现了 6 种水栖萤火虫。陆生萤火虫幼虫一般取食蜗牛、蛞蝓（鼻涕虫）、小型昆虫或生物尸体，水栖萤火虫幼虫一般取

▲ 水栖萤火虫黄缘萤卵快孵化的时候，发出淡淡的荧光

▲ 水栖萤火虫黄缘萤幼虫在捕食淡水小螺

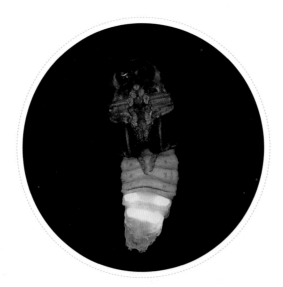

▲ 水栖萤火虫黄缘萤的雄蛹

食淡水螺类或生物尸体。老熟幼虫会在土中做一个蛹室，不吃不动化蛹，许多种类的蛹能发出淡淡的荧光。萤火虫一般在 4—8 月羽化，有的种类在 10—11 月羽化。成虫的寿命很短，一般为 7 ~ 10 天。大多数萤火虫成虫不取食固体食物，可以取食少量的花蜜或果实的汁液，而北美的女巫萤属 *Photuris* 雌萤可以模拟其他属萤火虫的雌萤求偶信号，吸引其他属萤火虫的雄萤过来并将其捕食。萤火虫的幼虫发光频率不规则，闪光时间和闪光间隔不固定。成虫发光特点差异较大，熠萤亚科的萤火虫雄成虫发出多种特异性的闪光信号（单脉冲、多脉冲，甚至常亮），而雌萤则一般在草丛中发出单脉冲闪光信号；萤亚科的窗萤属及短角窗萤的雌、雄均发出持续光。萤火虫发光的颜色为黄绿混合光，有的偏绿，有的偏黄。萤火虫成虫靠发光或者性信息素求偶，雌

▲ 水栖萤火虫黄缘萤在交配

▲ 水栖萤火虫黄缘萤雌萤在产卵

虫交配后产卵在湿润土壤缝隙，水栖萤火虫会将卵产在靠近水边的苔藓或者水草上。卵一般两到三周孵化。萤火虫的卵一般会发出淡淡的荧光。幼虫的天敌较少，成虫的主要天敌有蜘蛛、蚰蜒、蜈蚣、盲蛛等。

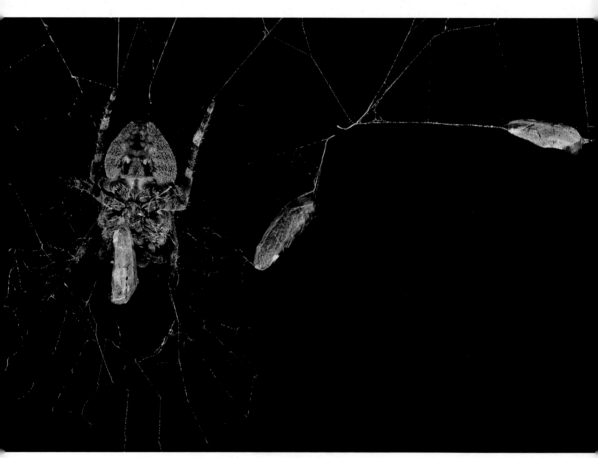

▲ 水栖萤火虫黄缘萤被大腹园蛛捕食

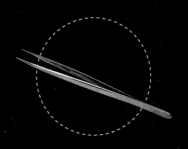

触手可及的星星：萤火虫观察指南

第 二 章

准 备 好 工 具

第一节　萤火虫观察之设备篇

去野外观察萤火虫之前，需要准备好所有的设备和工具。除了一些必带的研究和观察的设备，也需要带足驱蚊的用品，尤其是在热带地区，有些蚊类可以传播登革热等病毒，所以效果好的驱蚊水是必备用品之一。

野外观察和研究最大的危险之一就是因为需要在黑夜中行走，容易摔倒，专业的头灯及急救包也是需要携带的。还有一些毒虫、毒蛇也是非常危险的，为了将野外观察的风险降到最低，我们也需要学习吸蛇（虫）毒器的使用。

野外观察物品

1. 相机

2. 全球卫星定位仪（简称 GPS），手机上下载"GPS工具箱"临时替代或做校正参考用，同时记录海拔

3. 温湿度计（带电池）

4. 胶鞋、头灯或手电筒（带电池）

5. 一次性丁腈手套

6. 捕虫网

▲ 相机

▲ 手持式 GPS

▲ 温湿度计

▲ 头灯

▲ 一次性丁腈手套

▲ 捕虫网

7. 冻存管及医用酒精

8. 电池充电器

9. 对讲机

10. 记号笔、铅笔、塑料盒、纸条、胶布

11. 镊子、标签纸

12. 驱蚊水、无比滴、创可贴等简易药品

13. 吸蛇毒器

▲ 电池充电器

▲ 酒精

▲ 标本管

▲ 对讲机

▲ 标签纸

▲ 记号笔

▲ 标签

▲ 镊子

▲ 驱蚊水和无比滴

▲ 吸蛇毒器

学习吸蛇毒器的使用方法

1. 吸蛇毒器有以下配件

皮筋、大小不一的洗杯、吸泵、酒精棉片、创可贴。

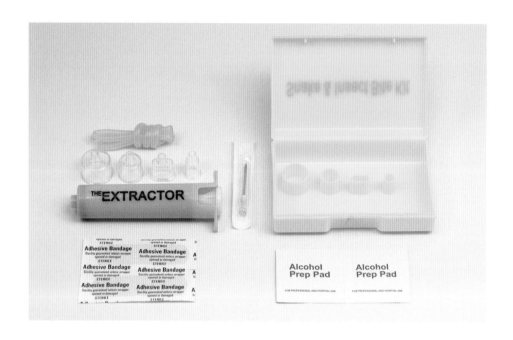

2. 使用方法

　　如果不慎被毒蛇咬后，立即查看伤口形状，如果是两个洞，那就是被毒蛇咬伤；如果是一排齿痕，那就是被无毒蛇咬伤。

　　打开吸蛇毒器，取出皮筋，在伤口的近心端 5 厘米处进行捆扎。

根据伤口的大小，选择合适的洗杯，将洗杯连接到吸泵上。

将吸泵的拉杆拉到末端。

将洗杯用力罩住伤口，用拇指用力压下拉杆至底端。

此时，吸泵将伤口的血液连同蛇毒一起吸出，用力拔出洗杯，将血液倒掉。吸掉几次毒血后，用酒精棉片消毒，贴上创可贴。迅速就医。每隔 30 分钟，松开皮筋 1 ~ 2 分钟，再次绑扎。

第二节　被其他毒虫或者蚂蟥叮咬后的处理方式

蜈蚣咬伤：其伤口是一对小孔，毒液流入伤口，局部表现为疼痛、瘙痒，全身表现为头痛、发热、恶心呕吐、抽搐及昏迷等。处理方式同被毒蛇咬伤。

蜜蜂蜇伤：被蜜蜂蜇伤后，要仔细检查伤口，可用镊子、针尖挑出其尾刺，处理方式同被毒蛇咬伤。

胡蜂蜇伤：胡蜂毒性较大，蜂毒进入人体后可引起过敏性休克、急性肾功能衰竭。和被蜜蜂蜇伤不同，胡蜂尾针刺入人体内，并不会留在人体中。处理方式同被毒蛇咬伤。因此，经急救后，应及早送医院，以防意外。

蝎蜇伤：蝎子有一弯曲而尖锐的尾针与毒腺相通，刺入人体后

▲ 旱蚂蟥

可注入神经性毒液。毒液呈酸性，可引起局部灼痛、红肿、麻木和水泡，严重者危及生命。受伤后，应立即用镊子拔出毒针，处理方式同被毒蛇咬伤。

红火蚁咬伤：红火蚁为入侵生物，体型长度为 3~7 毫米，与其他蚂蚁相似。之所以叫"火蚁"，就是因为被它叮咬后如火灼伤般的疼痛感。红火蚁毒囊中大量的毒液注入皮肤，会立即引发剧烈灼热感，局部皮肤形成红斑、水泡、硬肿，有痒感。水泡破裂，还可引起细菌性的二次感染。红火蚁的毒液中还含有少量水溶性蛋白等物质，会导致少数过敏体质的人产生过敏性反应，严重者引发过敏性休克，如呼吸困难，面色苍白，喉头或支气管水肿与痉挛，血压降低，以及头晕乏力、昏迷、抽搐等，严重可导致死亡。被咬伤后，应先用冰块或凉水对被叮咬的部位进行冷敷，再用洗手液或肥皂水

▲ 水蛭（水蚂蟥）

清洗患部。可使用含类固醇的药膏如皮康霜等外敷。也可在医生诊断指导下使用口服抗组织胺药剂，以缓解瘙痒肿胀。注意保持伤口清洁。不要抓挠，避免将脓疱弄破，以免伤口发生二次感染。患有过敏病史或叮咬后反应较剧烈，务必迅速到医院就医。

蚂蟥叮咬：蚂蟥又称水蛭，一般栖于浅水中，但在亚热带的丛林地带，还有旱蚂蟥成群栖于树枝和草上。蚂蟥致伤是以吸盘吸附于暴露在外的人体皮肤上，并逐渐深入皮内吸血。被叮咬部位常发生水肿性丘疹，不痛。发现蚂蟥吸附于皮肤上时不要惊慌，可用手轻拍，使其脱离皮肤；也可用无比滴、盐水、食醋、酒精或清凉油涂抹在蚂蟥身上和吸附处，使其自然脱出。不要强行拉扯，否则蚂蟥吸盘将断入皮内引起感染。若血流不止，可用酒精棉片消毒后，用创可贴贴上。

触手可及的星星：萤火虫观察指南

第 三 章

出发去观察
萤火虫喽

第一节　采集萤火虫

在观察萤火虫的时候，尤其是空中有很多萤火虫，或许还有多种萤火虫混杂在一起发光，让人眼花缭乱。为了能快速分辨不同的萤火虫种类以及快速采集活体的萤火虫，我们需要一种暂时储存活体萤火虫的容器，这里给朋友们介绍我们长期使用的一种简易的萤火虫采集瓶的制作流程。

萤火虫简易采集瓶的制作流程

1 ➡

购买小瓶的矿泉水。

2 ➡

喝掉水后，将残存的水甩干，塑料标签去掉，使整个瓶子通透，便于观察。

3

用小刀在瓶盖的下方，平着切开一条4厘米左右的口子。

4 ➡

轻按切口下缘部分，就可以很容易地打开一个小口，松开就可以闭合切口。

5 →

拔少量的鲜嫩的草，扭开瓶盖，装入瓶中，盖上瓶盖。

← **6**

瓶中的草不可太长，比塑料瓶略短为宜。

← **7**

采集到萤火虫后，左手轻按塑料瓶切口的下方，使塑料瓶的切口扩大，用右手或者镊子夹住萤火虫通过切口放入瓶中，松开左手，萤火虫就可以被封在瓶中。

← **8**

瓶中的草可以给萤火虫提供栖息的环境，也可以保持湿润。萤火虫不会因为晃动而在瓶中互相碰撞而导致死亡或者变形。不同种类的萤火虫可以装在不同的采集塑料瓶中，不同的性别也可以装在不同的瓶中，对于后续的观察和研究提供了很多的便利。

9 →

一个简易的萤火虫采集瓶就做好了，可以在黑暗中观察雌、雄萤求偶行为啦。

▲ 采集瓶中的萤火虫

第二节 辨识萤火虫的闪光频率

萤火虫作为草根昆虫中的明星物种，快慢不一的闪光早早就引起人们的关注，但是闪光交流方式比较复杂，不仅仅因为闪光频率的快慢，更因为每种萤火虫"说话的嘴巴"——发光器也相差较大。很多萤火虫种类的雄萤都长有两节"带"状的发光器，雌萤长有一节"带"状的发光器。有很多种萤火虫，尤其是雄萤的发光器形状呈现出不同的多样性，有的像"V"字形，有的是倒三角，有的是半圆等；雌萤的发光器形状也差异较大，有的是两个点，有的是四个点，有的是一

▲ 端黑萤的闪光轨迹

条"带"等。萤火虫发光的颜色大多数偏黄或者偏绿。一般来说,雌萤躲藏在草丛中,朝天发出缓慢的单脉冲信号（嗒……嗒……嗒……嗒……）,而雄萤在空中则发出展示的闪光信号。不同的萤火虫种类发出的频率不同：有的种类雄萤发出快速的单脉冲闪光信号（嗒、嗒、嗒、嗒）,有的发出多脉冲闪光信号（嗒、嗒、嗒……嗒、嗒、嗒……嗒、嗒、嗒……）,有的种类的雄萤在空中发出常亮的闪光信号（像我们的电灯一样）。这些复杂的闪光信号正是生物进化的结果,也是大自然赐予我们最美丽的景色。

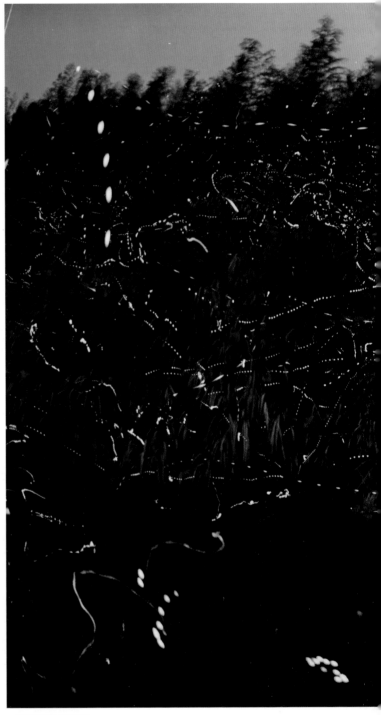

▲ 拟纹萤的闪光轨迹

▲ 三叶虫萤的闪光轨迹

▲ 武汉萤的闪光轨迹

▲ 山坡上的三叶虫萤幼虫发光轨迹和空中的端黑萤闪光轨迹

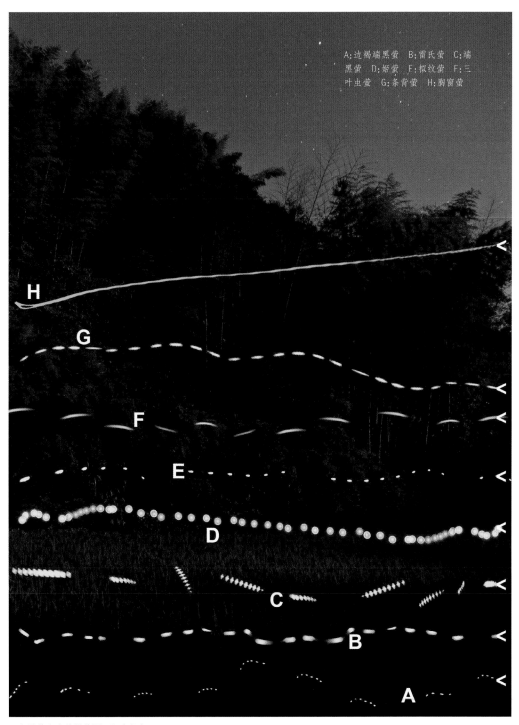

A:边褐端黑萤 B:雷氏萤 C:端黑萤 D:姬萤 E:拟纹萤 F:三叶虫萤 G:条背萤 H:胸窗萤

▲ 多种萤火虫的雄萤展示闪光频率

想在黑暗中辨认这些闪光信号并不容易。首先应该关掉灯，静静地仰望空中，认真地观察这些闪光的萤火虫，尽可能地用眼睛追踪一只萤火虫，不要被空中众多的萤火虫"绕"晕。慢慢地，你就可以了解到空中有几种类型的闪光信号了。其次，试着用网兜抓一只萤火虫下来，打开头灯，仔细观察萤火虫的样子，尤其是发光器的形状，将它的闪光频率和样子对应起来。然后，再采集另外一只不同闪光信号的萤火虫，看看那只是什么样子。最后，总结空中一共有几种不同的雄性的萤火虫（一般来说，空中飞行发光的是雄萤）。

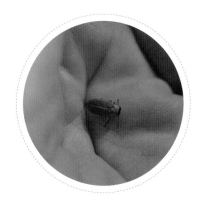

▲ 捉一只萤火虫，看看是什么种类，是雄还是雌？

▲ 一只雷氏萤的雄萤，发光器是两节的

如何记录萤火虫的闪光频率呢？萤火虫在空中快速地发光，而且快速移动，在没有专业的夜视仪和摄像机的帮助下，想记录萤火虫的闪光频率是个比较大的挑战。在这里向大家介绍一种简易的方法可以快速估算出萤火虫的闪光频率。以下是利用秒表估算萤火虫闪光频率的方法：

❶ 购买一只秒表，首先熟悉一下秒表的各个按钮。弄清楚"开始""暂停""停止"键。

❷ 带着秒表观察空中的萤火虫的时候，抬头观察到萤火虫的一个闪光的瞬间，按下"开始"键，无须低头按键。训练熟练，可以自由地观察空中的任意一只闪光的萤火虫，且准确无误地、及时地按下"开始"键。不被其他的飞行的萤火虫闪光所干扰。

❸ 用肉眼定位一只飞行闪光的萤火虫，数这只萤火虫的闪光的次数，并默念"1，2，3，4，5，6，……"。训练熟练，可以自由地数任何一只空中飞行的萤火虫的闪光次数。不被其他的飞行的萤火虫闪光所干扰。

❹ 当第 2 和第 3 步骤都训练熟练后，可以正式开始估算萤火虫的闪光频率了。当观察到空中任意一只飞行发光的萤火虫的时候，按下"开始"键，目光跟随这只萤火虫的闪光轨迹，并开始数它闪光的次数，当数到 10 的时候，按下"暂停"键，

打开头灯，查看秒表上的数字，并记录在记录本上。按下"停止"键，归零。重复这种观察，持续观察至少 20 只空中的不同的飞行闪光的萤火虫，并记录。

❺ 计算萤火虫的闪光频率。萤火虫的单一完整的闪光频率包括相对光强的最高点到最低点，然后再到下一个相邻的最高点的完整的脉冲变化时间。闪光频率=10 次闪光时间／（10-1）。取 20 次记录的平均值后，就是某一种萤火虫的闪光频率。

❻ 当在空中发现不同的闪光频率的时候，这时候应该先弄清空中有几种萤火虫，然后再按照单一萤火虫物种进行观察，以免弄混淆。

❼ 观察完萤火虫闪光频率后，在记录本中写下萤火虫的物种信息、地理信息及温湿度。观察应该在 1 小时内完成，以免温度变化过大而影响准确度（萤火虫的频率受气温的影响较大）。

次数	10 次闪光的时间（秒） 注：1 秒等于 1000 毫秒	1 次闪光频率的时间（毫秒） 注：n 次闪光的时间/n-1
1（示范）	8 秒 10 毫秒	8010/9=890（毫秒）
2		
3		
4		
……		
20		
平均		

备注：

温度：24.6℃

湿度：78%

日期：2018 年 5 月 18 日

地点：湖北咸宁大宠山

触手可及的星星：萤火虫观察指南

第 四 章

制作及拍摄
萤火虫标本

第一节 萤火虫酒精标本的制作

相比萤火虫针插标本而言，酒精标本能保存萤火虫的 DNA 信息，也不容易破碎，更有利于萤火虫的研究。具体的步骤如下：

❶ 准备好小玻璃瓶或者小塑料管。

夜晚采集 4 ~ 5 只萤火虫。注意空中飞行发光的萤火虫一般为雄萤，雄萤是种类鉴定的主要依据。草丛中闪光的一般为雌萤，如果可能，也请采集 2 ~ 3 只。采集时应熄灭手电，用手或者网来捕捉萤火虫。采集时动作应轻柔，萤火虫为软鞘翅昆虫，易被挤碎。

❷ 在药店购买一小瓶医用酒精（酒精浓度一般为 75%，浓度 90% 以上最佳），往小玻璃瓶或者小塑料管中加入 3/4 的酒精。

❸ 将采集到的萤火虫放入瓶中或管中。

❹ 裁剪一块长 4 厘米，宽 2.5 厘米的长方形白色标签。用铅笔写上详细的采集地点、采集时间及采集人。用铅笔写的优点是酒精不会溶解掉标签上的字迹。

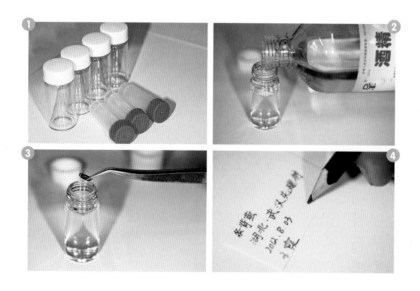

⑤ 将写好的标签放入瓶中或管中，拧紧盖子，防止酒精漏出或挥发。

⑥ 一个带有严谨科学意义的萤火虫标本就做好了，可以用来解剖生殖器鉴定种类或者分析DNA。

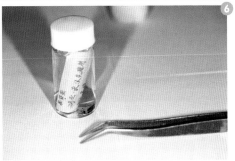

第二节　针插标本

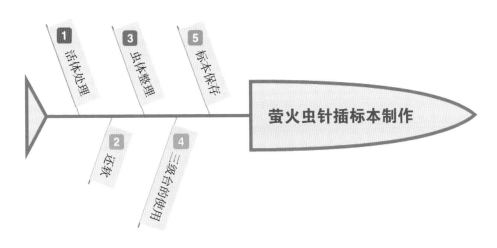

▲ 萤火虫针插标本制作流程

活体处理

刚捕到的萤火虫，我们需要将其进行处理以方便后期的标本制作。所需材料：离心管（可用管状容器替代），75%的酒精（一般萤火虫保存使用无水乙醇，-20℃条件下保存，但处理活体的话 75%的酒精即可）。

将 75%的酒精加入离心管中至 2/3 处，旋紧帽盖即可。虫体装入后迅速旋紧静置5～8min 即可取出制作标本。

注意事项：如果有条件，活体萤火虫最好以乙酸乙酯毒瓶处死或冻杀。这样处理的标本比较柔软，不会像酒精处理后的过于僵硬。标本要尽早整理，如果来不及整理，可冻入冰箱保存。

还软

若标本在酒精中浸泡时间过长，在制作标本前可能需要进行还软处理。可用昆虫针拨动虫体关节与触角，若僵硬不灵活，需放入回软箱中回软一定时间。

所需材料：洁净透明有盖塑料箱（适宜大小容器）、洁净沙子适量（不论粗细大小均可）、带有支架的多孔隔板一个。

水蒸气还软箱的制作及应用步骤：

❶ 取一洁净有盖透明塑料盒，向盒中加入洁净的沙子至盒 1/3 处，再加入常温水使其刚刚没过沙子。

❷ 将标本放置在隔板上，隔板与水面相距 2～3cm，隔板采用多孔结构。

❸ 标本放置后密封箱体，将回软箱放置在阴凉通风处即可。回软需 2～3 天时间，具体时间随情况而定，待虫体柔软关节灵活后，即可取出，需注意长时间放置可能会导致霉菌出现。

虫体整理

如果体长小于 7mm，需要采用三角纸粘贴标本法。

所需材料：硫酸纸（可用厚纸片例如滤纸代替）、树胶（可用 502 胶水代替）、标签纸（长 2cm，宽 1cm）、昆虫针（2#、3# 均可）、尖头镊子（RST-10 尖头即可）、剪刀、三级台（关于三级台会在下文三级台的使用中有详细介绍）。

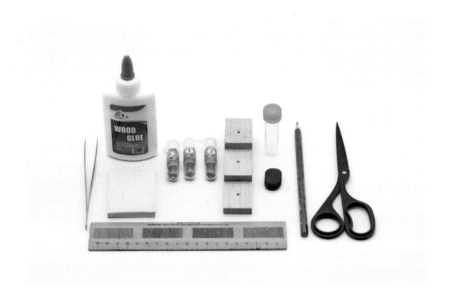

具体步骤如下：

❶ 取硫酸纸剪成底边长为 1.5cm，高为 3cm 的等边锐角三角形，平稳地置于玻璃板上。

❷ 用镊子夹取萤火虫，将树胶涂抹至背部上端，注意不要涂抹至尾部。

❸ 涂胶完成示意图。

❹ 用镊子轻轻夹起虫体，将虫体背部涂胶处与硫酸纸最小锐角处紧密贴合，注意虫体应与底边水平，可用镊子轻轻按压使其牢固。

将标本放置在阴凉通风处自然风干 1 天左右，使其树胶固合标本干燥。

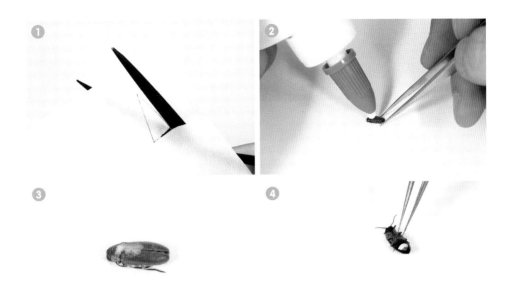

如果体长大于 7mm，则需要采用针插法。

目前市面常见昆虫针种类有以下几种：

000#：直径 0.25mm，长 15mm，一般用于小型或微型昆虫标本制作，如蚁类、蝇类等。

0#：直径 0.29mm，长 40mm，使用情况较少，使用对象同于 000#。

1#：直径 0.32mm，长 40mm，用于较小型昆虫标本的制作。

2#：直径 0.38mm，长 40mm，用于小型或中型昆虫标本的制作，如鞘翅目、鳞翅目、直翅目、膜翅目、双翅目、半翅目等。

3#：直径 0.45mm，长 40mm，用于中型昆虫标本的制作，如体形适中的鳞翅目、直翅目、膜翅目、双翅目、半翅目、鞘翅目、蜻蜓类等。

4#：直径 0.56mm，长 40mm，用于中型或较大型昆虫标本的制作，如体形较大或分量较重的蝉、甲虫、蝶蛾类等。

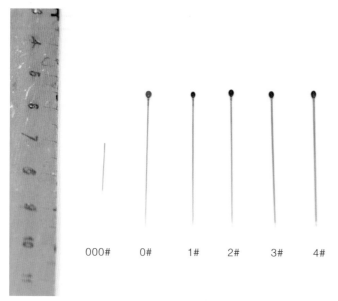

| 000# | 0# | 1# | 2# | 3# | 4# |

▲ 不同型号的昆虫针

针对萤火虫 7mm 以上的标本，可使用的昆虫针分类为：

7～12mm　　　使用 0#

12～16mm　　使用 1#

16～20mm　　使用 2#

20mm 以上　　使用 3#

具体的萤火虫针插法步骤如下：

所需材料：泡沫板（厚度在 1cm 左右，表面光滑平整）、合适型号的昆虫针。

针插

对萤火虫标本进行插针固定时，首先寻找右侧鞘翅纵向 1/2 处的竖线，然后找到中足和后足之间 1/2 处的横线，交点即为插针处。

固定

固定分为 3 个步骤，首先将虫体插针固

▲ 针插

▲ 固定

定在泡沫板上，使用 2 根昆虫针在尾部 1/3 处固定保持腹部中正，可有效防止昆虫绕昆虫针水平旋转。虫体背部两翅之间可能会出现间隙，可使用胶纸裁切小条粘贴合拢，或使用昆虫针轻压使其合拢，再将各足初步摆放。

▲ 前足整理

足部整姿

若材料不足或节省时间,可跳过整姿步骤,插针后直接进行干燥处理。

整姿采用从前向后的顺序，依次固定前中后足，最后调整触角位置。在这里我们采用通用的日式的整姿方法，保持虫体前足向前，中足和后足向后。昆虫整姿基本要求是虫体左右对称。萤火虫因个体微小，调整足部及触角姿态可能不便处理，须更加耐心。

❶ 前足整理

将前足调整向前 30°左右，末端跗节水平着地，此为萤火虫正常爬行姿态。使用昆虫针竖插固定调整位置,斜插调整其高度,将其固定。

▲ 中足整理

❷ 中足整理

在整理中足时，可将中足使用昆虫针调整向后，左右两足对称呈"八"字形，末端跗节可水平或倾斜着地。若跗节翘起，可使用昆虫针斜插压紧。

❸ 后足整理

将后足使用昆虫针向斜后方拉出，使其清晰可见，左右两足对称呈"八"字形，使用昆虫针正插固定位置，斜插调整高度及压紧，末端趾节水平或倾斜放置。使用昆虫针斜插将其固定。

▲ 后足整理

触角整理

触角追求自然状态与美观统一，萤火虫触角向上打开形成"V"字形，使用多根昆虫针相互交叉固定位置。

干燥

在标本整理完成后，若有条件在实验室烘干箱 45℃ 下烘干 24~48 小时，也可将标本放置在阴凉通风处自然风干 3 天左右，然后按照触角、足、腹部的顺序逐步取针。

▲ 触角整理

三级台的使用

三级台是常用于固定标本位置、采集标签和定名标签位置的装置，三级台的使用，可有效保证标本位置高低的统一美观。标准三级台第一级高 0.8cm，第二级高 1.6cm，第三级高 2.4cm。标签纸应采用长 2cm、宽 1cm、略厚于普通纸张的纸张，在插入时不产生形变。

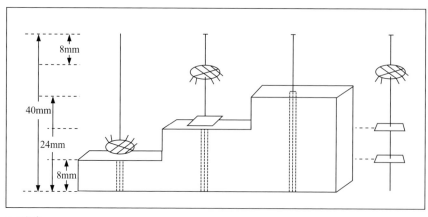

▲ 三级台

三级台固定的具体方法为：

将干燥后的标本插入三级台第三级，固定标本位置。

鉴定标签

鉴定标签标注标本分类地位，一般为种名 + 拉丁文名，插入三级台第二级固定标签纸位置。

采集标签

采集标签标注采集地点、采集时间及采集人，用昆虫针插入标签纸中心，注意不要插在字体上，后将昆虫针插入三级台第一级固定标签纸位置。

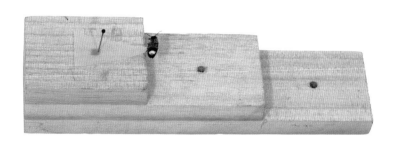

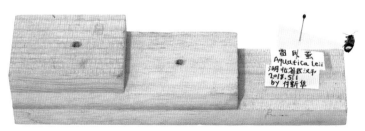

▲ 采集标签的位置及顺序

标本保存

标本保存应放置在白色标本盒中进行保存，下铺一层 EVA 泡沫板方便插针，在标本盒角落放置袋装樟脑球（使用昆虫针固定）可起到防虫防霉的作用。标本应保存在干燥通风处，可经常拿出来进行晾晒。

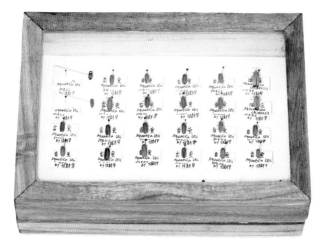

▲ 制作好的昆虫标本

第三节　萤火虫标本照片的拍摄

拍出的漂亮、清晰的萤火虫标本照片，可以放入针插标本盒中，和相应的针插标本进行配合展示，也可以方便进行互相交流和种类的辨认。

拍摄标本照片需要以下的相机和设备：单反相机、60mm 或者105mm 微距镜头、近摄接圈、环形闪光灯。近摄接圈是黑色的筒状近摄附件，使用时像安装增距镜一样附加在机身与镜头之间，起作用时拉开镜头与传感器或胶片的距离，从而提高镜头放大倍率实现微距摄影。近摄接圈中间没有光学结构，成本较低且基本不影响画质。常见的近摄接圈是按套出售的，一般为一套3节，长度各不相同，可以根据自己需要的放大倍率来选择。放大倍率=接圈长度/镜头焦距。

　　需注意的是，低端的近摄接圈都不支持自动对焦，只有带电子触点的中高端的近摄接圈才支持，但即使支持，自动对焦的范围也非常有限。近摄接圈会改变镜头的最近对焦距离，拍摄移动的小昆虫比较困难。由于放大倍率很大，建议使用手动对焦进行拍摄。具体操作方法是切换到手动对焦，锁定对焦距离，通过前后位移的方法来寻找对焦点进行拍摄。近摄接圈还会降低镜头的进光量，随着光圈的缩小，进光量会下降很快。而萤火虫标本照片的拍摄，需要缩小光圈，一般为16~25，甚至可以使用32左右的光圈。这时可以

▲ 萤火虫标本摄影所需要的器材

▲ 装配好的相机及环形闪光灯

用一只手电辅助照明。同时使用环形闪光灯。环形闪光灯一般设置左右两灯的输出量为 1：1。为了让背景清晰，建议用一张 A4 白色打印纸作为背景，将萤火虫放置在白纸上进行拍摄。这样背景清晰，萤火虫标本照片没有明显的影子，细节清晰。为了美观，拍摄前，建议对萤火虫标本进行一定程度的整姿。拍摄的时候，文件格式选择为 RAW+JPG（Fine）模式，有利于后期照片的处理和调节。摄影模式一般为光圈优先（A），加上环形闪光灯后，曝光时间一般默认为 1/60 秒。感光度一般为 200。白平衡可以设置为自动。

▲ 拍摄时候的参数设置

▲ 拍摄时候的 ISO 及存储格式的设置

拍摄完毕后，通过后期处理，让曝光适中，适当减少阴影。

▲ 枥角萤雄萤的标本照（背面观）

器材	NIKON D700，AF-S VR Micro-Nikkor 105mm f/2.8G IF-ED
模式	曝光模式：Manual，测光模式：Spot，曝光补偿：+1
曝光	光圈：25.0，快门：1/60 秒，ISO1000
焦距	105.0mm（35mm equivalent: 105.0mm），视角：19.5deg
色彩	白平衡：Auto，色彩空间：sRGB
时间	2013：08：14　11：38：53.30

▲ 枥角萤雄萤的标本照（背面观）拍摄参数设置表

▲ 栉角萤雄萤的标本照（腹面观）

器材	NIKON D700，AF-S VR Micro-Nikkor 105mm f/2.8G IF-ED
模式	曝光模式：Manual，测光模式：Spot，曝光补偿：+1
曝光	光圈：25.0，快门：1/60 秒，ISO1000
焦距	105.0mm（35mm equivalent: 105.0mm），视角：19.5deg
色彩	白平衡：Auto，色彩空间：sRGB
时间	2013:08:14　11:38:19.67

▲ 栉角萤雄萤的标本照（腹面观）拍摄参数设置表

触手可及的星星：萤火虫观察指南

第 五 章

常见萤火虫

Emeia pseudosauteri Fu，Ballantyne and Lambkin，2012（拉丁名）

分类地位：鞘翅目，萤科，峨眉萤属

形态：雌雄二型性（雌、雄个体除雌、雄生殖器有区别外，发光器、体形等方面存在较大差异）。雄萤体长 1 厘米。头黑色，突出于前胸背板。触角黑色，丝状，11 节。复眼发达，几乎占据整个头部。前胸背板淡粉色，两侧半透明。鞘翅黑色，末端边缘粉红色。胸部腹面黑褐色，足均为黑色。腹部黑色，发光器两节，乳白色，带状，位

▲ 三叶虫萤的雄萤

于第 6 及 7 腹节。

雌萤体长 0.7 厘米。体色与雄虫相似。膜翅退化，仅有一对浅褐色短小翅牙。发光器乳白色，两点，位于第 6 腹节。

幼虫体长 1.6 厘米。褐色。前胸背板尖梯形，前胸背板至后胸背板依次加宽。发光器乳白色，小，圆形，位于第 8 腹节。

生活习性：幼虫陆生，捕食小型蜗牛。每年 4 月中旬至 6 月，成虫羽化。雄萤在夜晚飞行发光，雌萤无法飞行，在草尖爬行。雌、雄萤均发出单脉冲的闪光。卵期 27 天。

分布：四川、湖北。

▲ 三叶虫萤的雌萤

▲ 三叶虫萤的幼虫

▲ 三叶虫萤雄萤的腹面照

▲ 三叶虫萤雌萤的腹面照

Curtos costipennis Gorham，1880（拉丁名）

分类地位：鞘翅目，萤科，脉翅萤属

形态：雄萤体长 0.5 厘米。头黑色，无法完全缩进前胸背板。触角黑色，丝状，11 节。复眼发达，几乎占据整个头部。前胸背板橙黄色，近长方形。鞘翅橙黄色，鞘翅末端黑褐色，有一条显著隆脊自肩角延伸至鞘翅中部。胸部腹面黄褐色，各足除基节及腿节基部黄褐色外，均为黑褐色。腹部第 2～5 节黑褐色。发光器两节，乳白色，带状，位于第 6 及 7 腹节。

雌萤体长 0.7 厘米。体色与雄萤相同。发光器一节，乳白色，带状，位于第 6 腹节。

▲ 黄脉翅萤的雄萤

幼虫体长 1.5 厘米。淡黄色。前胸背板梯形。发光器一对，小，圆形，乳白色，位于第 8 腹节。

生活习性：幼虫陆生，捕食蜗牛。每年 5—9 月，成虫羽化。成虫盛发期为 6 月。雄萤在夜晚飞行发光，发出持续的闪光。雌萤只交配 1 次。

分布：分布广泛，上海、北京、湖南、湖北、四川、浙江、江苏、江西。

▲ 黄脉翅萤的幼虫捕食螺类

▲ 黄脉翅萤的雄萤腹面照

▲ 黄脉翅萤的雌萤腹面照

▲ 黄脉翅萤的幼虫背面照

Asymmetricata circumdata （Motsch.） Ballantyne and Lambkin，2009（拉丁名）

分类地位：鞘翅目，萤科，歪片熠萤属

形态：雄萤体长 1.2 厘米。头黑色，无法完全缩进前胸背板。触角黑色，丝状，11 节。复眼发达。前胸背板橙黄色。鞘翅黑色，鞘翅边缘橙黄色。胸部腹面橙黄色，各足除胫节及跗节黑色外，均为橙黄色。腹部第 2~5 节黑褐色。发光器两节，乳白色，带状，位于第 6 及 7 腹节。

雌萤体长 1.5 厘米。体色与雄萤相同。发光器一节，乳白色，带状，位于第 6 腹节。

▲ 黄宽缘萤的雄萤

▲ 黄宽缘萤的幼虫

幼虫体长 2.2 厘米。黑褐色。体宽。前胸背板宽大，半圆形。体色斑纹复杂，体色浅褐色，自中胸背板至第 7 腹节背板，中央的黑斑内有一个"八"字形浅褐色斑纹。发光器一对，小，圆形，乳白色，位于第 8 腹节。

生活习性：幼虫陆生，捕食蜗牛。每年 5—9 月，成虫羽化。成虫盛发期为 5 月及 8 月。雄萤在夜晚飞行发光，雌、雄萤均发出固定频率的闪光。雌萤只交配 1 次。卵期 23 天，蛹期 7 天。

分布：分布广泛，香港、湖南、海南、重庆、江西、云南、广东、广西、贵州。

▲ 黄宽缘萤的雄萤腹面照

▲ 黄宽缘萤的雌萤腹面照

Pteroptyx maipo Ballantyne et al.，2011（拉丁名）

分类地位：鞘翅目，萤科，曲翅萤属

形态：雄萤体长 0.7 厘米。头黑色，无法完全缩进前胸背板。触角黑色，丝状，11 节。复眼发达。前胸背板橙黄色，两侧平行，近似长方形。鞘翅橙黄色，鞘翅末端黑色，圆形，向腹部急剧弯曲。胸部腹面橙黄色，各足除跗节黑色外，均为橙黄色。腹部淡黄色，发光器两节，乳白色，带状，位于第 6 及 7 腹节。

雌萤体长 0.8 厘米。体色与雄萤相同。发光器一节，乳白色，带状，位于第 6 腹节。

幼虫体长 1.5 厘米。黑褐色。前胸背板尖梯形。背板上密布淡黄褐色小刻点，背中线宽，淡黄色。第 8 腹节背板黄褐色。发光器一对，乳白色，

▲ 香港曲翅萤

位于第 8 腹节两侧。

生活习性：曲翅萤为红树林中特有的萤火虫。幼虫陆生，捕食沼泽里的螺类。蛹期 4 天。每年 5—9 月，成虫羽化。成虫盛发期为 5 月及 8 月。

分布：香港米埔保护区、深圳市福田红树林自然保护区、恩平市镇海湾红树林、海南省文昌市八门湾红树林、海南省海口市美兰区演丰镇东寨港红树林保护区。

▲ 香港曲翅萤幼虫捕食螺类

▲ 香港曲翅萤雄萤腹面照

▲ 香港曲翅萤雌萤腹面照

名称：红胸黑翅萤（中文）

Luciola kagiana Matsumura，1928 （拉丁名）

分类地位：鞘翅目，萤科，熠萤属

形态：雄萤体长 1.1 厘米。头黑色，无法完全缩进前胸背板。触角黑色，丝状，11 节。复眼非常发达，几乎占据整个头部。前胸背板红色。鞘翅黑褐色。胸部腹面黄褐色，各足黑褐色。发光器两节，乳白色，第一节带状，位于第 6 腹节腹板，第二节半圆形，位于第 7 腹节腹板。

雌萤体长 1.3 厘米。体色与雄萤相同。发光器一节，乳白色，带状，位于第 6 腹节。

生活习性：每年 5—6 月，成虫羽化。雄萤在夜晚飞行发光，雌、雄萤均发出固定频率的单脉冲闪光信号。闪光频率快。

分布：湖北、台湾。

▲ 红胸黑翅萤雄萤腹面照　　　　　▲ 红胸黑翅萤雌萤腹面照

▲ 红胸黑翅萤

名称：拟纹萤（中文）

Luciola curtithorax Pic，1928（拉丁名）

分类地位：鞘翅目，萤科，熠萤属

形态：雄萤体长 0.6 厘米。头黑色。无法完全缩进前胸背板。触角黑色，丝状，11 节。复眼非常发达，几乎占据整个头部。前胸背板黄褐色。小盾片黄褐色。鞘翅黑褐色，密布细小绒毛。胸部腹面黑褐色，各足除跗节为黑褐色外，均为黄褐色。腹部黑色。发光器两节，乳白色，第一节带状，位于第 6 腹节腹板，第二节半圆形，位于第 7 腹节腹板。

▲ 拟纹萤

雌萤体长 0.8 厘米。体色与雄萤相同。发光器一节，乳白色，带状，位于第 6 腹节。

生活习性：每年 4—6 月，成虫羽化。雄萤在夜晚飞行发光，雌、雄萤均发出固定频率的单脉冲闪光信号。闪光频率快。

分布：海南、湖北、香港、台湾。

▲ 拟纹萤雄萤腹面照

▲ 拟纹萤雌萤腹面照

Aquatica ficta Olivier，1909（拉丁名）

分类地位：鞘翅目，萤科，水萤属

形态：雄萤体长 0.8 厘米。头黑色，无法完全缩进前胸背板。触角黑色，锯齿状，长，11 节。复眼发达，几乎占据整个头部。前胸背板橙黄色。鞘翅黑褐色，边缘浅黄色。胸部腹面橙黄色，各足基节及腿节为黄褐色，胫节及跗节黑色。腹部黑色，发光器两节，乳白色，带状，位于第 6 节及第 7 腹节的上半部。

雌萤体长 1.0 厘米。体色与雄萤相同。发光器一节，乳白色，带状，位于第 6 腹节。

幼虫体长 2 厘米。黑色。前胸背板梯形，前缘角及后缘角浅黄褐色。背中线明显，浅黄色，自中胸背板直至第 8 腹节。背板上密布淡黄褐色小刻点。腹部 1～8 节两侧生长有一对"牛角形"呼吸鳃。发光器一对，乳白色，位于第 8 腹节两侧。

生活习性：幼虫水生，捕食小型淡水螺类及取食死亡生物尸体。成熟幼虫上陆建造蛹室并化蛹。每年 4—8 月，成虫羽化。雄萤在夜

▲ 黄缘萤

▲ 黄缘萤幼虫捕食淡水小螺

晚飞行发光，雌、雄萤均发出固定频率的闪光。雌萤只交配一次，卵产在水边的苔藓等植物上，卵期 20 天，一年发生一代。

分布：分布广，福建、广东、四川、湖北。

▲ 黄缘萤雄萤腹面照 ▲ 黄缘萤雌萤腹面照

▲ 黄缘萤幼虫背面照

Aquatica leii Fu and Ballantyne，2006（拉丁名）

分类地位：鞘翅目，萤科，水萤属

形态：雄萤体长 0.8 厘米。头黑色，无法完全缩进前胸背板。触角黑色，锯齿状，长，11 节。复眼发达。前胸背板橙黄色。鞘翅橙黄色，密布黄色细绒毛。胸部腹面橙黄色，各足基节及腿节为黄褐色，胫节及跗节黑色。腹部黑色，发光器两节，乳白色，带状，位于第 6 节及第 7 腹节的上半部。

雌萤体长 1.0 厘米。体色与雄萤相同。发光器一节，乳白色，带状，位于第 6 腹节。

幼虫体长 2 厘米。黑色。前胸背板梯形，前缘角有一大型浅黄褐色斑点。背中线前黄褐色。背板上密布淡黄褐色小刻点。腹部 1 ~ 8 节两侧生长有一对"牛角形"呼吸鳃。发光器一对，乳白色，

▲ 雷氏萤

位于第8腹节两侧。

生活习性：幼虫水生，捕食小型淡水螺类及取食死亡生物尸体。成熟幼虫上陆建造蛹室并化蛹。每年4月底至8月，成虫羽化。雄萤在夜晚飞行发光，雌、雄萤均发出固定频率的闪光。雌萤只交配一次，卵产在水边的苔藓等植物上，卵期20天，一年发生一代。

分布：分布广，湖北、湖南、浙江、江苏、山东、广西。

▲ 雷氏萤幼虫捕食钉螺

▲ 雷氏萤雄萤腹面照

▲ 雷氏萤雌萤腹面照

Aquatica wuhana Fu，Ballantyne and Lambkin，2010（拉丁名）

分类地位：鞘翅目，萤科，水萤属

形态：雄萤体长 0.8 厘米。头黑色，无法完全缩进前胸背板。触角黑色，锯齿状，长，11 节。复眼发达。前胸背板橙黄色，中央有一大型黑斑。鞘翅黑色，较为光滑。胸部腹面橙黄色，中胸腹板中央有一黑色斑纹；前、中足的基节、腿节及胫节基部为黄褐色，胫节及跗节黑色；后足腿节及胫节基部为黄褐色，基节、胫节及跗节黑色。腹部黑色，发光器两节，乳白色，带状，位于第 6 节及第 7 腹节的上半部。

雌萤体长 1.0 厘米。体色与雄萤相同。发光器一节，乳白色，带状，位于第 6 腹节。

幼虫体长 2 厘米。黑色。前胸背板梯形，前缘角有一大型浅黄褐色斑点，后缘角至后缘中央有一大型浅黄色月牙形斑点；中胸及

▲ 武汉萤

后胸背板后缘有一大型浅黄色月牙形斑点。背中线不明显。背板上密布淡黄褐色小刻点。第1~7腹节背板后缘有两对相邻的小型黄褐色斑点；第8、9腹节背板两侧有一对大型浅黄褐色斑点。腹部1~8节两侧生长有一对"牛角形"呼吸鳃。发光器一对，乳白色，位于第8腹节两侧。

生活习性：幼虫水生，捕食小型淡水螺类及取食死亡生物尸体。成熟幼虫上陆建造蛹室并化蛹。每年4月底至6月，成虫羽化。雄萤在夜晚飞行发光，雌、雄萤均发出固定频率的闪光。雌萤只交配一次，卵产在水边的苔藓等植物上，卵期20天，一年发生一代。

分布：湖北。

▲ 武汉萤幼虫背面照

▲ 武汉萤雄萤腹面照

▲ 武汉萤雌萤腹面照

Sclerotia fui Ballantyne et al., 2016（拉丁名）

分类地位：鞘翅目，萤科，熠萤属

形态：雄萤体长 0.8 厘米。头黑色，无法完全缩进前胸背板。触角黑色，丝状，11 节。复眼发达，几乎占据整个头部。前胸背板橙黄色。鞘翅橙黄色，鞘翅内缘有黄色条带，密布细小绒毛。胸部腹面橙黄色，各足除跗节为黑褐色，其余部位黄褐色。腹部橙黄色，第 5 节腹节腹板有一条黑色条带。发光器两节，乳白色，第一节带状，位于第 6 腹节腹板，第二节"V"字形，位于第 7 腹节腹板，不全部占据第 7 腹节腹板；两节发光器之间有一个小型的黄褐色三角形空隙。

雌萤体长 1.1 厘米。体色与雄萤相同。发光器一节，乳白色，带状，位于第 6 腹节。

幼虫体长 1.8 厘米。黑褐色。非常扁平。幼虫具两种形态。1~2

▲ 付氏萤

龄浅褐色；前、中、后腹节背板两侧均生有长的呼吸毛；腹部两侧生长有多毛的呼吸鳃，第 8 节腹节末端两侧各生长有 1 个大型气门。3~6 龄幼虫深褐色；体光滑且无呼吸毛及呼吸鳃；中胸至第 7 腹节腹板两侧有 1 对气门，第 8 节腹节末端两侧各生长有 1 个大型气门。发光器一对，乳白色，位于第 8 腹节中央。

生活习性：栖息地为湖泊或者废弃鱼塘。幼虫水生，捕食淡水螺类。幼虫 6 龄。成熟幼虫上岸做蛹室化蛹。蛹期 6 天。每年 6—8 月，成虫羽化。成虫盛发期为 7 月中旬。雄萤在夜晚飞行发光，雌、雄萤均发出固定频率的闪光。成虫期 9 天，交配过的雌萤将卵产在浸没在水中的浮萍背面，卵期 11 天。

分布：上海、湖北、浙江。

▲ 付氏萤幼虫仰泳

▲ 付氏萤幼虫捕食淡水螺类

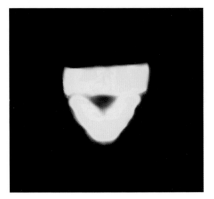

▲ 付氏萤雄萤发光器形状

▲ 付氏萤雄萤腹面照

▲ 付氏萤雌萤腹面照

▲ 付氏萤 1 龄幼虫背面照   ▲ 付氏萤 1 龄幼虫腹面照

▲ 付氏萤 5 龄幼虫背面照   ▲ 付氏萤 5 龄幼虫腹面照

Sclerotia flavida（Hope，1845）（拉丁名）

分类地位：鞘翅目，萤科，熠萤属

形态：雄萤体长 0.9 厘米。头黑色，无法完全缩进前胸背板。触角黑色，丝状，11 节。复眼发达，几乎占据整个头部。前胸背板橙黄色。鞘翅橙黄色，鞘翅密布细小绒毛，末端着生一个黑色斑点。胸部腹面橙黄色，各足除跗节为黑褐色，其余部位黄褐色。腹部橙黄色，第 4、5 节腹节腹板有一条黑色条带，其中第 5 节上的黑色条纹全部占据第 5 腹节腹板。发光器两节，乳白色，第一节带状，位于第 6 腹节腹板，第二节 "V" 字形，位于第 7 腹节腹板，不全部占据第 7 腹节腹板；两节发光之间有一个小型的黄褐色三角形空隙。

▲ 条背萤

雌萤体长 1.2 厘米。体色与雄萤相同。发光器一节，乳白色，带状，位于第 6 腹节。

幼虫体长 1.8 厘米。黑褐色。非常扁平。幼虫具两种形态。发光器一对，乳白色，位于第 8 腹节中央。

该种萤火虫与付氏萤在形态上非常类似，均为水栖萤火虫。形态上的主要差异：第 4、5 节有两条黑色斑纹，而条背萤仅在第 5 节上有一条黑色条纹；雄萤第二节"V"形发光器较条背萤小，两节发光器之间的黄褐色三角形空隙也较条背萤大。

生活习性：栖息地为稻田。幼虫水生，捕食淡水螺类。幼虫 6 龄。成熟幼虫上岸做蛹室化蛹。成虫期为 5 月中旬至 6 月中旬。雄萤在夜晚飞行发光，雌、雄萤均发出固定频率的闪光。交配过的雌萤将卵产在浸没在水中的浮萍背面。

分布：湖北、海南、广东、台湾。

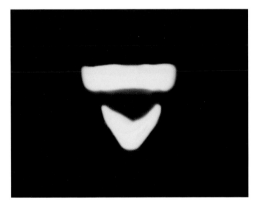

▲ 条背萤雄萤发光器形状

▲ 条背萤雄萤腹面照

▲ 条背萤雌萤腹面照

▲ 条背萤 5 龄幼虫背面照

▲ 条背萤 5 龄幼虫腹面照

名称：边褐端黑萤（中文）

Abscondita terminalis Olivier，1883（拉丁名）

分类地位：鞘翅目，萤科，棘手萤属

形态：雄萤体长 0.9 厘米。头黑色，无法完全缩进前胸背板。触角黑色，丝状，11 节。复眼非常发达，几乎占据整个头部。前胸背板橙黄色。鞘翅橙黄色，鞘翅末端黑色，密布细小绒毛。胸部腹面橙黄色，各足基节及腿节黄褐色，胫节及跗节黑褐色。腹节背板黑色；腹部淡黄色，腹板两侧有对称黑斑，但不相连，不同地区种群的腹节腹板两侧黑斑变化很大。发光器两节，乳白色，第一节带状，位于第 6 腹节腹板，第二节半圆形，位于第 7 腹节腹板。

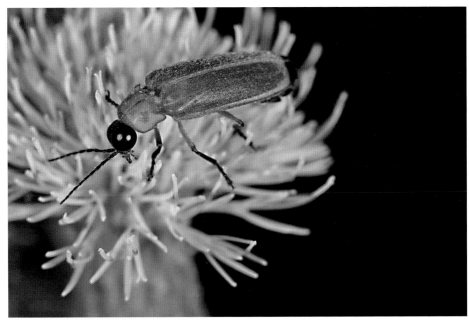

▲ 边褐端黑萤

雌萤体长 1.3 厘米。体色与雄萤相同。发光器一节,乳白色,带状,位于第 6 腹节。

幼虫体长 2 厘米。黑褐色。前胸背板前缘角有一个月牙形黄褐色斑点,前缘及外缘均长有长刚毛。发光器一对,乳白色,位于第 8 腹节两侧。

生活习性:多发生在稻田边的田埂或者荒废的田野。幼虫陆生,捕食蚂蚁等小型昆虫,也取食死亡的昆虫尸体,缺乏食物时,有互相残杀行为。幼虫 6 龄。蛹期 10 天。每年 5—6 月,成虫羽化。成虫盛发期为 5 月底至 6 月中旬。卵期 20 天。

分布:分布广,福建、广东、云南、湖北、河南、香港、台湾。

▲ 边褐端黑萤幼虫捕食蚤蝇

▲ 边褐端黑萤雄萤腹面照 ▲ 边褐端黑萤雌萤腹面照

▲ 边褐端黑萤幼虫背面照

Abscondita anceyi Olivier，1891（拉丁名）

分类地位：鞘翅目，萤科，熠萤属

形态：雄萤体长 1.4 厘米。头黑色，无法完全缩进前胸背板。触角黑色，丝状，11 节。复眼发达。前胸背板橙黄色。鞘翅橙黄色，鞘翅末端有大型黑斑，密布细小绒毛。胸部腹面橙黄色，各足基节及腿节基部黄褐色，其余部位黑褐色。腹部橙黄色。发光器两节，乳白色，第一节带状，位于第 6 腹节腹板，第二节半圆形，位于第 7 腹节腹板，不全部占据第 7 腹节腹板。

雌萤体长 1.8 厘米。体色与雄萤相同。发光器一节，乳白色，带状，位于第 6 腹节。

幼虫体长 2.4 厘米。黑褐色。前胸背板前缘角有一个月牙形黄褐色斑点，前缘长有刚毛，侧缘具有 4 个左右对称的波浪形瘤状突起。背中线明显隆起，黑色。中、后胸背板侧缘具有 2 个左右对称

▲ 大端黑萤

▲ 大端黑萤幼虫

的瘤状突起；第 1 ~ 8 腹节背板侧缘具有 1 个左右对称的瘤状突起、后缘有 4 个左右对称的向后延伸的突起。发光器一对，乳白色，位于第 8 腹节两侧。

生活习性：幼虫陆生，捕食蚂蚁等小型昆虫，也取食死亡的昆虫尸体，具有自相残杀的习性。幼虫 6 龄。每年 6—8 月，成虫羽化。成虫盛发期为 7 月中旬。日落后，雌、雄萤飞到树冠进行闪光求偶。

分布：分布广，福建、广西、广东、浙江、湖北、四川、台湾。

▲ 大端黑萤雄萤腹面照   ▲ 大端黑萤雌萤腹面照

Abscondita chinensis Kiesenwetter，1874（拉丁名）

分类地位：鞘翅目，萤科，棘手萤属

形态：雄萤体长 0.7 厘米。头黑色，无法完全缩进前胸背板。触角黑色，丝状，11 节。复眼非常发达，几乎占据整个头部。前胸背板橙黄色。鞘翅橙黄色，鞘翅末端黑色，密布细小绒毛。胸部腹面橙黄色，各足基节及腿节黄褐色，胫节及跗节黑褐色。腹节背板黑色；腹部淡黄色，腹板两侧有对称黑斑，但不相连，不同地区种群的腹节腹板两侧黑斑变化很大，第 5 腹节腹板一般为黑色。发光器两节，乳白色，第一节带状，位于第 6 腹节腹板，第二节半圆形，位于第 7 腹节腹板。

雌萤体长 1 厘米。体色与雄萤相同。第 5 腹节腹板两侧有对称黑斑，但不相连，不同地区种群的腹节腹板两侧黑斑变化较大。发光器一节，乳白色，带状，位于第 6 腹节。

▲ 端黑萤

幼虫体长 1.5 厘米。黑褐色。前胸背板前缘角有一个月牙形黄褐色斑点，前缘及外缘均长有长刚毛。背中线明显，黑色。发光器一对，乳白色，位于第 8 腹节两侧。

生活习性：多发生在森林中。幼虫陆生，捕食蚂蚁等小型昆虫，也取食死亡的昆虫尸体。幼虫 5 龄。每年 7—8 月，成虫羽化。成虫盛发期为 7 月底至 8 月中旬。卵期 25 天。

分布：分布广，湖北、湖南、浙江、四川、河南、江苏、安徽、福建、台湾。

▲ 端黑萤幼虫捕食蚂蚁

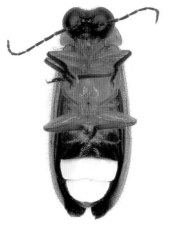

▲ 端黑萤雄萤腹面照

▲ 端黑萤雌萤腹面照

▲ 端黑萤幼虫背面照

▲ 端黑萤幼虫腹面照

名称：穹宇萤（中文）

Pygoluciola qingyu Fu and Ballantyn，2008（拉丁名）

分类地位：鞘翅目，萤科，突尾熠萤属

形态：雄萤体长 1.3 厘米。头黑色，无法完全缩进前胸背板。触角黑色，丝状，11节。复眼较发达。前胸背板粉红色，前部具有两个对称的深红色三角形斑点；后缘角尖锐。鞘翅黑色。胸部腹面黄褐色，前足基节及腿节基部 1/4 黄褐色，其余部分均为黑褐色；中足颜色和前足相似，但腿节自基部至 3/4 处为黄褐色；后足几乎全部为黄褐色。腹部第 2~5 节褐色。发光器两节，乳白色，第一节为带状，位于第 6 腹节，第二节为半圆形，位于 7 腹节。第 8 节背板末端有两个圆形凸起。

雌萤体长 1.4 厘米。体色与雄萤相同。发光器一节，乳白色，带状，位于第 6 腹节。

幼虫体长 2.5 厘米。黑褐色，光滑。前胸背板向前延伸，呈帐篷状。前胸背板至

▲ 穹宇萤

▲ 穹宇萤雄萤闪光求偶

▲ 穹宇萤幼虫捕食蚂蚁

▲ 穹宇萤雄萤腹面照   ▲ 穹宇萤雌萤腹面照

▲ 穹宇萤幼虫背面照

第 8 腹板后缘着生四个对称的向后的突起。背中线明显。发光器一对，小，圆形，乳白色，位于第 8 腹节两侧。

生活习性：幼虫半水栖，生活在非常潮湿的地方，如河流、小溪、瀑布附近。捕食淡水螺类、蚂蚁等小型昆虫以及取食死亡生物尸体。每年 7—8 月，成虫羽化。成虫盛发期为 7 月。雄萤聚集在垂下的藤蔓或者树叶末端快速同步发光，雌萤闪光频率较慢。雌萤飞行寻找雄萤。雌、雄萤火虫发光颜色不同，雄萤发光偏黄而雌萤发光偏绿。雄萤易被人工光源所刺激发光，如手电、汽车前灯，甚至红色激光笔。雌萤只交配 1 次。

分布：分布广泛，香港、湖南、湖北、海南、重庆、江西、云南、广东、广西、贵州。

Pyrocoelia analis Fabricius，1801（拉丁名）

分类地位：鞘翅目，萤科，窗萤属

形态：雌雄二型性。雄萤体长 1.5 厘米。头黑色，完全缩进前胸背板。触角黑色，锯齿状，长，11 节。复眼较发达。前胸背板橙黄色，宽大，钟形；前缘前方有一对小型月牙形透明斑。鞘翅黑色，边缘黄褐色。胸部腹面橙黄色，各足基节及腿节大部分为黑色。腹部黑色，发光器两节，乳白色，带状，位于第 6 及 7 腹节。

雌萤体长 2.5 厘米。腹部背板褐色外，体橙黄色。翅退化，仅有一对褐色短小翅牙，翅牙边缘黄褐色。发光器乳白色，四点。

幼虫体长 4 厘米。黑色。前胸背板尖梯形。背板上密布淡黄褐色小刻点，第 8 腹节背板两侧有一对三角形淡黄褐色斑点。发光器乳白色，位于第 8 腹节两侧。

▲ 金边窗萤雄萤

生活习性：幼虫陆生，捕食蜗牛。每年 4—12 月，成虫羽化。雄萤在夜晚飞行发光，雌、雄萤均持续发光。

分布：分布广，海南、广东、广西、江西、福建、浙江、香港、台湾。

▲ 金边窗萤成虫

▲ 金边窗萤幼虫

▲ 金边窗萤雄萤腹面照

▲ 金边窗萤雌萤腹面照

Pyrocoelia amplissima Olivier，1886（拉丁名）

分类地位：鞘翅目，萤科，窗萤属

形态：雄萤体长 1.8 厘米。头黑色，完全缩进前胸背板。触角黑色，锯齿状，长，11 节。复眼较发达。前胸背板橙黄色，宽大，钟形；前缘前方有一对大型月牙形透明斑。鞘翅黑色。胸部腹面橙黄色，各足基节及腿节一小部分为黄褐色，腿节大部分、胫节及跗节黑色。腹部橙红色，边缘橙黄色。发光器小，一节，乳白色，梯形，位于第 7 腹节中央。

雌萤体长 2.5 厘米。体橙黄色。翅退化，仅有一对黑褐色短小翅牙。发光器乳白色，四点。

幼虫体长 4 厘米。黑色。前胸背板较长，尖梯形。背板上密布淡黄褐色小刻点。发光器乳白色，位于第 8 腹节两侧。

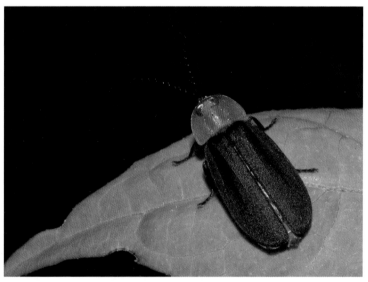

▲ 巨窗萤雄萤

生活习性：幼虫捕食蜗牛。4月中、下旬发生。雄萤白天及夜晚均活跃，夜晚雄萤飞行发出微弱持续光。

分布：湖北、四川。

▲ 巨窗萤雌萤

▲ 巨窗萤雄萤腹面照

▲ 巨窗萤幼虫背面照

▲ 巨窗萤幼虫腹面照

Pyrocoelia pectoralis Oliver，1883（拉丁名）

分类地位：鞘翅目，萤科，窗萤属

形态：雌雄二型性。雄萤体长 1.4 厘米。头黑色，完全缩进前胸背板。触角黑色，锯齿状，长，11 节，第二节短小。复眼较发达。前胸背板橙黄色，宽大，钟形；前缘前方有一对大型月牙形透明斑，后缘稍内凹，后缘角圆滑。鞘翅黑色。胸部腹面橙黄色，足均为黑色。腹部黑色，发光器两节，乳白色，带状，位于第 6 及 7 腹节。

雌萤体长 2.3 厘米。体淡黄色，后胸背板橙黄色。翅退化，仅有一对褐色短小翅牙。发光器乳白色，四点。

幼虫体长 4~5 厘米。黑色，背中线淡黄色。前胸背板尖梯形。前胸背板至第 7 腹节背板前缘及后缘角均有淡黄色斑，第 8 腹节背板两侧有一对三角形淡黄褐色斑点。发光器乳白色，位于第 8 腹节两侧。

▲ 胸窗萤雄萤

生活习性：幼虫陆生，捕食蜗牛。蛹期 10 天左右。每年 10 月，成虫羽化。雄萤在夜晚飞行发光，雌、雄萤均持续发出绿色光。成虫具有反射性出血防卫行为。卵和幼虫越冬，卵第二年 5 月孵化。

分布：湖北。

▲ 胸窗萤雌萤求偶

▲ 胸窗萤雄萤腹面照　▲ 胸窗萤雌萤腹面照　▲ 胸窗萤幼虫背面照　▲ 胸窗萤幼虫腹面照

Pyrocoelia sp.（拉丁名）

分类地位：鞘翅目，萤科，窗萤属

形态：雌雄二型性。雄萤体长 1.5 厘米。头黑色，完全缩进前胸背板。触角黑色，锯齿状，长，11 节，第二节短小。复眼较发达。前胸背板橙黄色，宽大，钟形；前缘前方有一对大型月牙形透明斑。鞘翅黑色。胸部腹面橙黄色，各足基节及腿节基部为黄褐色，腿节大部分、胫节及跗节黑色。腹部橙黄色，发光器两节，乳白色，带状，位于第 6 及 7 腹节。

雌萤体长 2.3 厘米。体淡黄色，前胸背板半透明或淡黄色，中、后胸背板橙黄色。翅退化，仅有一对褐色短小翅牙。发光器一带两点，乳白色，位于第 6 及 7 腹节。

幼虫体长 4 厘米。黑色。前胸背板尖梯形。前胸背板至第 7 腹节背板前缘及后缘角均有淡黄色斑，第 8 腹节背板两侧淡黄色。发

▲ 泰山窗萤雄萤

光器乳白色，位于第8腹节两侧。

　　生活习性：幼虫陆生，捕食蜗牛。每年8月底至9月底成虫羽化。雄萤在夜晚飞行发光，雌、雄萤均持续发光。

　　分布：山东。

▲ 泰山窗萤交配

▲ 泰山窗萤雄萤腹面照

▲ 泰山窗萤雌萤背面照

▲ 泰山窗萤雌萤腹面照

▲ 泰山窗萤幼虫背面照

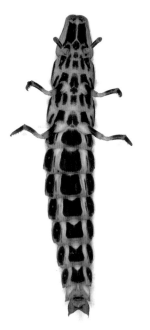

▲ 泰山窗萤幼虫腹面照

Diaphanes sp.（拉丁名）

分类地位：鞘翅目，萤科，短角窗萤属

形态：雌雄二型性。雄萤体长 1.4 厘米。头黑色，完全缩进前胸背板。触角黑色，丝状，短，11 节。复眼非常发达，几乎占据整个头部。前胸背板淡黄褐色，宽大，半圆形；前缘前方有一对大型月牙形透明斑。鞘翅黑褐色，边缘淡黄褐色。胸部腹面深褐色，各足基节及腿节为黄褐色，胫节及跗节黑褐色。腹部黑色，发光器两节，乳白色，带状，位于第 6 及 7 腹节。

雌萤体长 2.1 厘米。完全无翅。体色淡黄色。发光器四点，乳白色，位于第 7 及 8 腹节腹板。

幼虫体长 2.6 厘米。背面灰褐色，前胸背板前缘角有一个黄褐色斑点，背中线黄褐色，背板密布黄褐色刻点。发光器两点，乳白色，位于第 8 腹节两侧。

生活习性：幼虫陆生，捕食蚯蚓。雄萤在夜晚飞行发光，雌、雄萤均持续发光。

分布：四川。

▲ 四川短角窗萤雄萤

▲ 四川短角窗萤雌萤

▲ 四川短角窗萤幼虫

▲ 四川短角窗萤雄萤腹面照

▲ 四川短角窗萤雌萤腹面照

名称：四川扁萤（中文，暂定）

Lamprigera sp.（拉丁名）

分类地位：鞘翅目，萤科，扁萤属

形态：雌雄二型性。雄萤体长 1.8 厘米。头黑色，完全缩进前胸背板。触角黑色，丝状，短，11 节。复眼非常发达，几乎占据整个头部。前胸背板浅黄色，宽大，半圆形。鞘翅黑色。胸部腹面黄褐色。发光器小，乳白色，圆点形，位于第 7 腹节。

雌萤体长 4 厘米。完全无翅，幼虫形。体淡黄色。发光器大，乳白色，两点，位于第 7 腹节两侧。

幼虫体长 4 厘米。黑色，体光滑。前胸背板宽大，半圆形；前缘有一对狭长黄褐色斑纹。发光器一对，乳白色，位于第 8 腹节两侧。

生活习性：幼虫陆生，捕食蜗牛、蛞蝓（鼻涕虫）、蚯蚓以及昆虫等。每年 10—11 月，成虫羽化。雄萤在夜晚飞行发光，雌、雄萤均持续发光，雄萤发光微弱，雌萤发光明亮。

分布：分布广，四川、云南、香港。

▲ 四川扁萤雄萤

▲ 四川扁萤雌萤

▲ 四川扁萤幼虫

▲ 四川扁萤雄萤腹面照

第 六 章

经常被问到的
萤火虫的问题

问："化腐为萤"这个成语是正确的吗？老人说萤火虫是从牛粪里变的，是这样子的吗？

答："化腐为萤"这个成语是错误的。萤火虫是一类鞘翅目的昆虫，也就是会发光的一类甲虫。它的生长发育阶段分为四部分：卵、幼虫、蛹和成虫。很多种类的萤火虫的四个阶段都是发光的。萤火虫喜欢潮湿、湿润的环境，牛粪这一类动物粪便通常是许多昆虫和其他动物的食物来源。有牛粪的地方通常也非常潮湿，也有许多蜗牛生存，而蜗牛是萤火虫的主要猎物之一。这些地方通常也是萤火虫的栖息地。古人看到萤火虫喜爱在有牛粪的潮湿、湿润的环境生存，没有认真观察和研究，就想当然地认为萤火虫是从牛粪里变的。

▲ 发光的胸窗萤的雄萤

▲ 胸窗萤幼虫警戒发光

▲ 胸窗萤幼虫化蛹

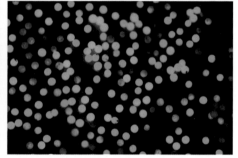
▲ 发光的胸窗萤卵

问：请问付老师：有没有一种萤火虫是夏天能见到且冬天也能见到的呢?这个问题困扰我好多年了,也不知道我看见的那只到底是不是萤火虫……很久以前的一个夏天,傍晚时分,我看见过一种会闪光的小虫子在沿着水泥地的台阶爬,爬了一会儿它就飞到我衣服上来了,那光可以亮很久不灭的,特别特别好看,我一直忘不了（那个虫子颜色很浅类似米黄色,个头很细小整个看起来像一粒东北米的形状,肚子下面会发黄绿色的光）,然后它就飞进草丛里不见了。隔了好久我都没有再看见这种漂亮的小虫子,一直到前年冬天的一个晚上,八九点左右在我们家小区我又见到这种小虫了！！它飞的时候亮光几乎都没怎么灭过,一小点但是很亮的光从地上慢慢盘旋着往上升,场景特别梦幻。

答：在我国亚热带的夏天,最后一波的萤火虫在 10 月到 11 月出现。然而在热带,是可以看到萤火虫的,一般都是窗萤类的,个头较大,不会闪烁,但会一直亮。在马来西亚等地区,冬季也能看到大量的萤火虫,例如沙巴等地红树林里同步发光的曲翅萤。

▲ 马来西亚同步发光的曲翅萤

▲ 马来西亚同步发光的萤火虫

问：那根据萤火虫幼虫的捕食习惯，我该判断萤火虫是益虫还是害虫呢？

答：益虫或害虫都是根据人类的喜好而决定的，在自然界中它是和人类具有同等生态地位的物种。按照人类的喜好来说呢，萤火虫算是益虫，因为其幼虫可以捕食危害蔬菜和花卉的蜗牛及鼻涕虫。

▲ 胸窗萤的幼虫捕食蜗牛

问：萤火虫是怎么捕食蜗牛的？

答：萤火虫幼虫头上长有一对发达的 3 节触角，最末一节的
触角上还生长有一个圆形的感受器。幼虫利用发达的触角探测猎
物的气味。萤火虫幼虫生长有一对非常发达的上颚，这对上颚像
弯弯的镰刀，中间是空的。当幼虫发现猎物后，会用发达的上颚
刺入猎物体内，同时将消化道的一种具有毒性的液体，通过中空
的上颚注入猎物体内。这种毒性的肠液会在很短时间内杀死猎物，
并开始分解液化猎物组织，进行肠外消化。幼虫再通过中空的上
颚吸食液化的食物。

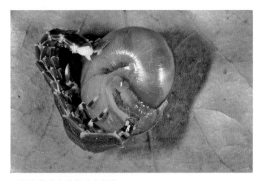

▲ 胸窗萤幼虫准备攻击蜗牛

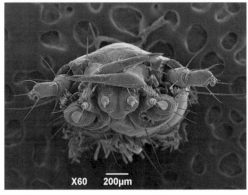

▲ 胸窗萤幼虫头部的超微结构

问：萤火虫是怎么求爱的？

答：一般情况下，躲藏在草丛中的雌虫主动发出光来，吸引雄虫。大部分雌虫都发出单脉冲的闪光信号，而有的雌虫则发出常亮的光信号。雄虫在日落后开始在草丛上方巡视，并发出种特异性的闪光信号。每种萤火虫雄性的闪光都是不同的，有的频率快，有的频率慢，有的是单脉冲，有的是多脉冲。当雄萤发现躲藏在草丛中的雌萤时，就会降落在雌萤的旁边，通常20~30厘米远。雄萤开始发出求偶的闪光信号，如果雌萤同意雄萤的求偶，就会在雄萤闪光后的特定时候发出一个回应的闪光信号。这种闪光对答重复几分钟甚至十几分钟后，雌萤才会完全接纳雄萤。被接纳的雄萤才可以被允许和雌萤交配。也有的萤火虫不需要复杂的闪光对答，当雄萤发现雌萤后，降落后直接爬向雌萤并交配。有的萤火虫反其道而行之，如穹宇萤雄萤聚集在一起，同步发光，吸引雌萤加入求偶派对。雌萤发现中意的雄萤后，就会飞向雄萤，并完成求偶及交配。

▲ 正在交配中的边褐端黑萤

问：怎么区别萤火虫的雌雄？

答：可以从以下几个方面进行区别：①几乎所有的雄萤都是善飞的，有的雌萤是没有翅膀的；②雄萤的复眼比雌萤的复眼发达；③大部分雄萤的发光器是两节，雌萤的发光器是一节，但也有一些萤火虫雄萤是一节发光器，雌萤反而是两节；④所有雌萤都是发光的，而少数雄萤是不发光的。

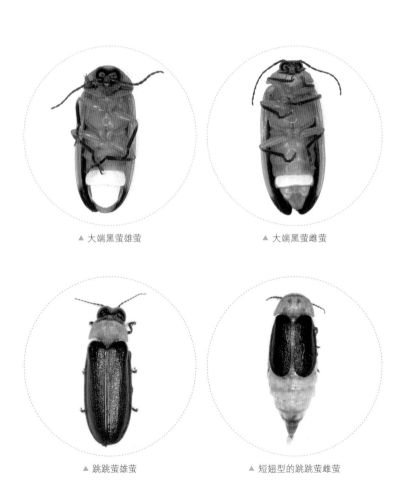

▲ 大端黑萤雄萤　　　　　　　▲ 大端黑萤雌萤

▲ 跳跳萤雄萤　　　　　　　▲ 短翅型的跳跳萤雌萤

问：萤火虫白天都在干什么？

答：大多数萤火虫都是夜行性的，所以白天它们躲在草丛中或者树叶背后休息，等待夜晚的来临。有一些萤火虫是日行性的，白天在求偶，不过不发光，我们很难发现它们。

▲ 白天躲藏在叶片背后的大端黑萤

▲ 日行性的锯角萤

问：中国最美的萤火虫是什么种类？

答：中国最美的萤火虫是穹宇萤，是一种同步发光的萤火虫。成百上千的雄萤栖息在河谷两边垂下的藤蔓上，当雌萤飞来寻找配偶的时候，所有的雄萤都发出快速的、相同的频率的光，非常壮观。

▲ 穹宇萤雄萤在闪光求偶

▲ 穹宇萤同步发光

问：萤火虫都生存在什么地方？

答：萤火虫生存在生态环境好的地方，如河流、湖泊、湿地、稻田、森林里。这些地方共同的特点就是草木繁茂，较为湿润。不能有灯光的干扰，也不能有农药喷洒。

问：中国有多少种萤火虫？都分布在什么地方？

答：世界上萤火虫有2000多种，我国究竟有多少种萤火虫，至今还未知，保守估计有300种左右。大多都分布在温暖潮湿的西南部，北方的种类和数量都较西南部少。

问：萤火虫的天敌都有哪些？

答：萤火虫的天敌有很多种，如捕食成虫的蜘蛛、青蛙、蟾蜍、蜈蚣等，还有捕食幼虫的蚂蚁、鱼、龙虾。在美洲还有一类专门捕食萤火虫的女巫萤，这类萤火虫的雌虫模拟出猎物萤火虫雌萤的求偶信号，吸引猎物雄萤前来求偶并吃掉它们。很像古代传说的半人半鱼海妖塞壬，唱着美丽的歌声，引诱水手前来，使船触礁，并吃掉水手。

▲ 盲蛛捕食一只黄宽缘萤的雄萤

▲ 短角窗萤的雄萤被蜘蛛捕食

问：萤火虫有毒吗？

答：萤火虫有一定的毒性，其血液中含有一种类似蟾蜍毒素的甾类物质。这类毒素通常对节肢动物有防卫作用，对小型的爬行动物如蜥蜴也有一定的毒性。萤火虫对人毒性不大，但是最好还是不要吃它们。

▲ 胸窗萤发光并从翅膀边缘流出血液进行防卫

问：萤火虫发光的作用是什么？

答：萤火虫成虫发光主要是为了求偶，幼虫发光主要是为了警戒和防卫天敌。

问：萤火虫是怎么发光的？

答：萤火虫利用发光器内的荧光素（luciferin）、荧光素酶（luciferase）、氧及 ATP（三磷酸腺苷）进行生化反应而发光。荧光素作为热抗性的底物，是光的来源；荧光素酶起触发器及催化剂的作用；氧是氧化剂。ATP 转化成能量，促使荧光素荧光素酶复合体发光。萤火虫的发光是一种冷光，整个发光的过程是生物能 ATP 转化成光能，而且该反应体系非常高效和灵敏。萤火虫发光器分为发光层和反射层，在反射层中有较为粗大的气管，而发光层中具有较多的微气管。萤火虫通过神经来控制这些气管，将氧气导入发光器中，从而精确地控制闪光的明灭。反射层能将发光层产生的光反射出去，从而提高发光的效率。

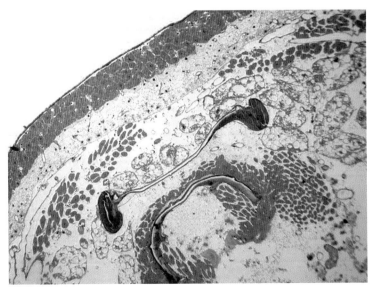

▲ 雷氏萤雄萤的发光器切面图

问：萤火虫飞行发光的时候，腿的姿势是什么样子的？

答：这个问题比较有趣。通过我的观察，我发现萤火虫飞行发光的时候，第一对和第二对胸足是张开的，好像在拥抱黑夜，而第三对胸足则是垂下的。

▲ 飞行发光的黄宽缘萤雄萤

问：为什么说萤火虫是环境指示生物？

答：萤火虫对生活环境较为挑剔，水质或栖息环境遭受污染后，萤火虫就会很快死亡。萤火虫对光污染非常敏感，光污染会严重干扰和阻止萤火虫成虫进行求偶和交配，会导致它们无法繁殖而快速灭亡，从这个角度来看，萤火虫是环境指示生物，尤其是光污染的指示生物。

问：在绝对理想状态和商业现实之间，有没有妥协或者过渡的桥梁？用养殖萤火虫贩卖的钱，研究和开发萤火虫。这样的做法在哪种程度上是不可容忍的，这个限度在哪里？

答：如果利用商业进行萤火虫保护，比如生态赏萤，建立保护区，这将能加快萤火虫保护。淘宝上出售萤火虫，是最低端的一种商业模式。如果可以通过商业保护萤火虫，为何不采取保护萤火虫栖息地，生态赏萤的方式？既能保护萤火虫，也能让公众欣赏到自由飞行的美丽萤火虫，又能进行生态环保教育，一举三得也。

问：作为普罗大众中的一个平凡人，我该怎么保护萤火虫？

答：我认为保护萤火虫可以从身边做起，比如节约一度电。少用或者不用一次性的筷子，可以保护一片森林，也保护森林里的萤火虫。在森林里面捡垃圾也可以保护萤火虫的栖息地，任何保护生态的事情都可以保护萤火虫。

问：请问萤火虫在生态系统中扮演什么样的角色？

答：萤火虫在自然系统中担任其中的一环，比如控制蜗牛、蛞蝓（鼻涕虫）等生物，起到了捕食者的作用；萤火虫也取食死亡昆虫或者生物的尸体，起到了分解者的作用。最重要的是，萤火虫因为非常直观，可视化，容易被观察到，可以起到生态系统指示生物的作用。

问：请问中国有哪些地方可以看到壮观的萤火虫？

答：我推荐四个地方：第一个地方是四川眉山市青神县，每年3月底—4月中旬，中岩寺内有很美的萤火虫。青神县还建立了中国第一个萤火虫博物馆。第二个地方是守望萤火虫研究中心与浙江省嘉兴平湖市当湖街道办一起打造的中国第一个萤火虫温室，在这个萤火虫温室中，有美丽的湿地景观，游客可以不受刮风下雨和满月的影响，一年四季都可以看到壮美的萤火虫。第三个地方是云南的西双版纳植物园，那里的五六月份的萤火虫非常壮美，值得一去。第四个地方是浙江丽水九龙湿地国家公园，每年3月底—4月中旬有大片美丽的三叶虫萤。

▲ 4月成片的三叶虫萤发光求偶

▲ 5 月的西双版纳植物园中闪光的黄宽缘萤

延伸阅读书目

1. 付新华，2016，《一只萤火虫的旅行》，重庆出版社，重庆

2. 付新华，2015，《萤火虫在中国》，湖南人民出版社，长沙

3. 付新华，2014，《中国萤火虫生态图鉴》，商务印书馆，北京

4. 付新华，2016，《水中的光亮》，连环画出版社，北京

5. 付新华，2019，《新昆虫记：萤火虫的故事》，湖北科学技术出版社，武汉